一、景观设计手绘的技法特点及要点说明

景观设计手绘是将景观设计方案通过徒手表现的形式，传达设计者的设计构思。手绘图纸是景观设计师的语言，是交流的媒介，贯穿于整个设计过程，从设计前期的草图绘制到后期的效果图表现都离不开手绘。手绘能够有效地推动设计思维不断成熟、深化，体现设计演变的过程。

在景观设计手绘表现中，马克笔的绘制是至关重要的，马克笔因其具有独特的笔触深受广大设计师的青睐，在徒手绘制时只要充分掌握马克笔手绘的技法即可。以下简要介绍有关景观设计手绘的表现技法：

（一）点、线组合笔法

1．技法特点

点和短线组合笔法讲究用笔的灵活，不要拘于一个方向，这种笔法多用于表现花草、树木，一些玻璃质感的过渡和反光加重及一些毛面质感的明暗过渡也会用到。油性和酒精马克笔因渗透力较强，使用时，笔尖在纸面上停留一定时间，使颜色逐渐渗透到纸面上可形成圆点。在塑造植物时适当添加这些圆点，可以很好地控制树形；在以生硬线条和笔触构成的画面中适当地点缀这种“点”可以柔化画面；在表现一些特殊材质，如石材、木材、草坪时，用“点”的笔法可丰富马克笔的表现性。

2．要点说明

乔灌木的植物表现用笔时，将马克笔的侧峰倾斜 45°，与纸面接触，快速地往 30° 方向排列，宽度为 2 ～ 3 厘米的笔法两三笔，同时每笔之间的间隔不宜过大，在末端连贯地运用“点”笔法，进行收笔、点缀；在棕榈科植物表现时，因其叶子的形态有别于乔灌木植物，要注意压边的处理，适当运用“点”笔法进行收笔可丰富画面；在表现地被植物，如沿阶草，处理时应运用马克笔笔尖随着叶子生长的方向进行“挑笔”的画法，使叶子产生自然垂落的表现效果。

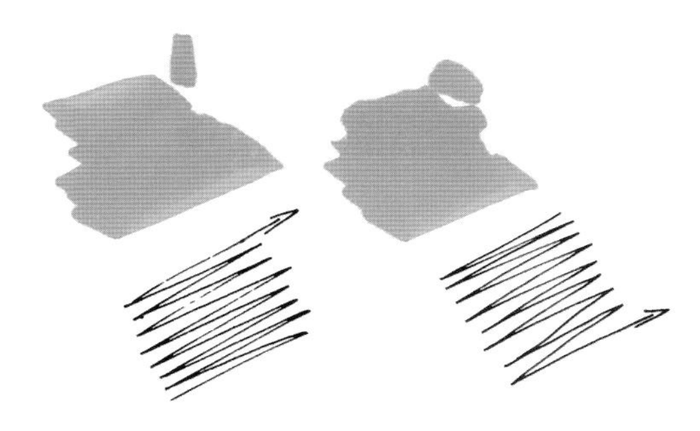

（二）晕色的笔法

1．技法特点

晕色的笔法因排线方式和用笔力度不同可塑造不同的景观空间景物，景观当中石头、山体和石板路面、地面铺装都可采取此类笔法，为避免道路铺装刻画得太过僵硬，可采取此种笔法，使效果图中产生头尾晕开的退散效果。

2．要点说明

该笔法是运用直线运笔的方式，均匀、整齐地将直线排列后，在中间均匀地运笔。该笔法有硬笔法、软笔法和直线笔法三种。硬笔法是缓缓地排出阵列的直线，进行重复覆盖，这种笔法多用来塑造景观空间中的石头、山体的表现，使石材产生同种颜色渐变的感觉，同时又体现出石头坚硬的质感；软笔法是均匀快速地运笔，排出阵列的直线，进行快速地覆盖，使中间重，两边产生晕开的效果，常用于景观空间中各类构筑物的表现；直线笔法是阵列直线笔法排列整齐后，继而进行排线，在中间区域均匀运笔，重复来回覆盖一遍，多用于景观当中的石板路。

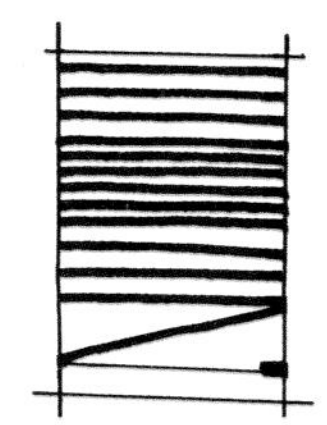

（三）阵列斜线笔法

1．技法特点

这种表现方式能够深入刻画细节而使画面富有变化，表现力极强，在景观设计手绘中多用于表现一些景观水景倒影。

2．要点说明

该笔法是整齐排列直线四五笔左右后，连笔倾斜 30° 角画一笔，再用马克笔的侧峰连笔画一条细的直线，连笔点缀一点。最后一点的“点”技法，可以点带线，以点带面，激活画面，使画面更加生动。

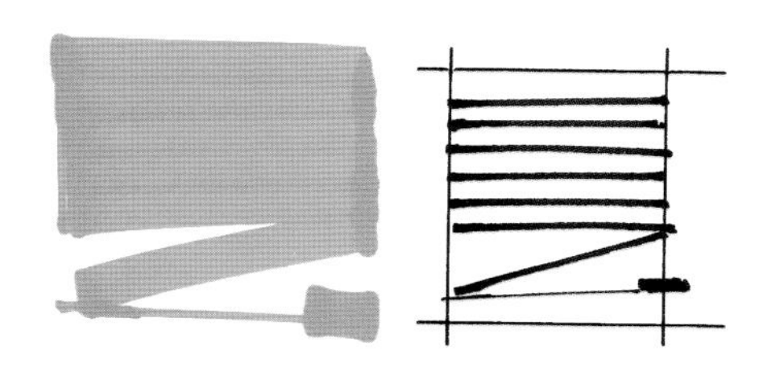

二、手绘工具及材料介绍

（一）马克笔

马克笔，又称麦克笔，是英文“Marker”的音译，是从国外进口的一次性快速绘图用笔，最早产生于 19 世纪下半叶，是作为标识用途的一种记号笔，所以也译为记号笔。最早的马克笔只有一个笔头，呈圆形或斜方形，而现在的马克笔笔头有单头和双头之分，笔头粗的有扁方形、圆形，细的如同针管笔，笔触明显，附着力强，分别可画粗细不同的线条及明暗，可在任何媒介和场所书写。当它被设计师采用作画时，其品种和色彩从原本简单的原色发展到现在的从浅到深，从灰到纯，拥有上百种的色彩。在表现方面它还具有色彩亮丽、着色便捷、笔触明显、成图迅速，以及携带方便的特点，所以极大地方便了作画者。

马克笔表现是以色彩的直观体现为主的表现方式，因此，颜色的选择将是决定效果图表现成败的关键因素。但是对于手绘表现来讲，画面色彩的丰富多彩并非最重要的，整体画面色彩格调的统一才是最关键的。确定整个画面的色彩基调，要在下笔之前就有一定的想法，与笔法线条相结合，共同创造出一个基调平和、色彩协调的画面。向欣赏者传达景观空间的美感，这是手绘者的理想追求。在讲求设计创新的时代，设计师为了表达自己的创意思维，通常会借助手绘效果图这一表现形式来表达。马克笔具有快速高效、携带方便的优势，对于忙碌的设计师来说，正好取代了传统技法略过繁琐的调色环节，降低了对画者美术功底的要求，大大地节约了作图时间。同时，留给设计师更大的发挥空间，捕捉稍纵即逝的灵感，也能在交流中同步修改。因此，马克笔在设计中被广泛使用，并且以其独特的特性成为绘制效果图最为主要的工具。

AD 马克笔

法卡勒马克笔

Touch 马克笔

只有了解了各种马克笔的性能特征，将其优势发挥到极致达到为我所用，才能体现出马克笔特有的艺术魅力。马克笔按照注入的溶剂不同，可以分为水性、油性、酒精性 3 种。

1. 油性马克笔

油性马克笔颜色种类较多，各类品牌也较多，色彩透明，纯度较高，有较强的渗透力，挥发性较快，耐水、耐光性较好，颜色多次叠加不伤纸，柔和，大大方便了作画者的表现。

2. 水性马克笔

水性马克笔具有较强的表现力，颜色亮丽有透明感，还可以结合彩铅、水彩、水粉等工具进行使用，达到使画面更加丰富多彩的效果，但多次叠加后颜色会变灰，而且容易伤纸，不宜多次修改、叠加。

3. 酒精性马克笔

酒精性马克笔是以酒精来调和油墨，因此酒精马克笔的颜色不容易遇水化开，而且没有油性笔的味道刺鼻。

（二）纸张

徒手绘制表现效果图时，纸张的选择也是非常重要的，不同色泽、不同质地和不同肌理的纸张会呈现不同的表现效果。钢笔画和马克笔画用纸最好选用质地比较厚实而且平整光滑的纸张。切不可用密度过低、容易渗色的纸张，此类纸张缺乏利落流畅感，而且在马克笔表现时颜色容易相溶，失去色彩的固有色调，有损画面效果。太过光滑、不易吸水的纸张也不宜使用。在马克笔表现中我们常用的纸张如下：

1. 复印纸

在非正规场合下，可以使用 70 克或者 80 克的复印纸进行手绘练习。这类纸张质地可以适应大多数画具，价格也相对低廉，性价比较高，适合练习使用。

2. 绘图纸

绘图纸是专用的绘图白纸，质地厚实，耐磨耐折，平整光滑，是正式快题设计中最常用的纸张，分为带标准图框和不带图框的纯白纸。这种纸张适用范围广泛，可以进行多种手绘效果图的表现。

3. 硫酸纸

硫酸纸是一种半透明纸张，是比较正式的绘图用纸，在草图阶段和正式图阶段都可以使用。在手绘练习中，硫酸纸是“拓图”练习的理想用纸。这种纸张可用于正式的图面手绘表现。由于纸质的关系，马克笔在其上颜色较为黯淡，因此使用时要经过反复练习和把握，以达到理想的手绘效果。

4. 有色卡纸

有色卡纸是具备各种不同明度、色相、彩度的卡纸。其平整光滑、不易变皱，而且很适合表现各种不同的物体与环境，能够恰当地表现不同物体的不同质感。浅色系的有色卡纸，可塑造成熟优雅的画面效果。但需要注意的是，在有色卡纸上着色与在绘图图纸上着色存在着一定的色差。

（三）辅助工具

在手绘图中，虽然大多图纸表达采用徒手表现，但在训练和表现中也时常需要一些尺规的辅助，以增强画面中的透视与形体的准确度。常用的工具有直尺（60cm）、丁字尺（60cm）、三角板、曲线板（或蛇尺）、圆规（或圆模板）等。其他的一些辅助工具也是不可或缺的，如修正液、水彩和彩色铅笔等。

三、园林植物表现

园林植物是园林景观设计中重要的构成元素，是设计中所占比重较大的。植物的配置分为规则式和自然式种植，其种类大致可分为：乔木、灌木、棕榈科、草本植物、水生植物及花卉等。在设计时应根据设计场所的性质进行植物的合理配置，所以园林植物的配置和表现效果决定着整张设计的表现效果。

四、手绘步骤图解析

步骤图解析 1

步骤一：选好场景进行钢笔画绘制，注意构图和画面整体关系，抓住画面的视觉中心并添加适当配景来塑造空间环境氛围。

步骤二：在线稿绘制的基础上，把握画面中各种植物的主体色彩，对植物的底色进行大面积上色。然后，对画面视觉中心的水景进行描绘，抓住水景的特点，颜色表现要通透，用笔要干练迅速。并结合环境元素的处理加强画面前后的虚实关系，注意用同一支笔要把握色彩的轻重缓急的变化关系。色调上应与整幅画面的关系相呼应，并注意近实远虚的画法技巧。

步骤三：对场景进行深入刻画，用深色马克笔进一步叠加构筑物、植物、水景和道路铺装的暗部，强调明暗交界线，使画面对比更加明确。根据场景情况可添加补色和环境色，使画面色彩更加丰富。

步骤四：最后对画面进行色调和色彩上的整体、统一的处理，通过色彩对比关系，强调色相、纯度之间的比对，以达到吸引画面视觉中心的效果。同时进行细节的补充与刻画，达到最佳的图面效果。

步骤图解析 2

步骤一：将选取的景观空间进行钢笔画绘制，注意空间的透视关系和比例关系，小场景的景观手绘表现亮点在于对景观的细致塑造和氛围渲染。

步骤二：对画面中的景观材质进行刻画，马克笔上色用笔可大胆挥洒，同时还要讲究方向和力度，使表现的画面具有一定的视觉张力。第一遍颜色干透后，要进行第二遍的上色，此次要求更加准确、快速，运笔过慢则会造成色彩晕染，从而失去马克笔透明、利落的效果。

步骤三：对画面植物色彩进行添加，准确把握植物的大体色调，通过冷暖色的对比，区分出景观场景中主体植物的前后及高低层次关系，拉伸空间的距离。

步骤四：进一步刻画景观场景的后景部分，可采用灰色系的马克笔进行大面积覆盖，深色的马克笔要慎用，合理地进行暗部处理，突出主体景物，区分前后关系。最后，深入刻画景观场景中的植物和陈设，并适当地添加环境色彩，丰富画面效果。深入刻画时，应始终注意中心主体和其他次要部位的比对关系，加强对比是增强画面视觉空间感的有效方法。

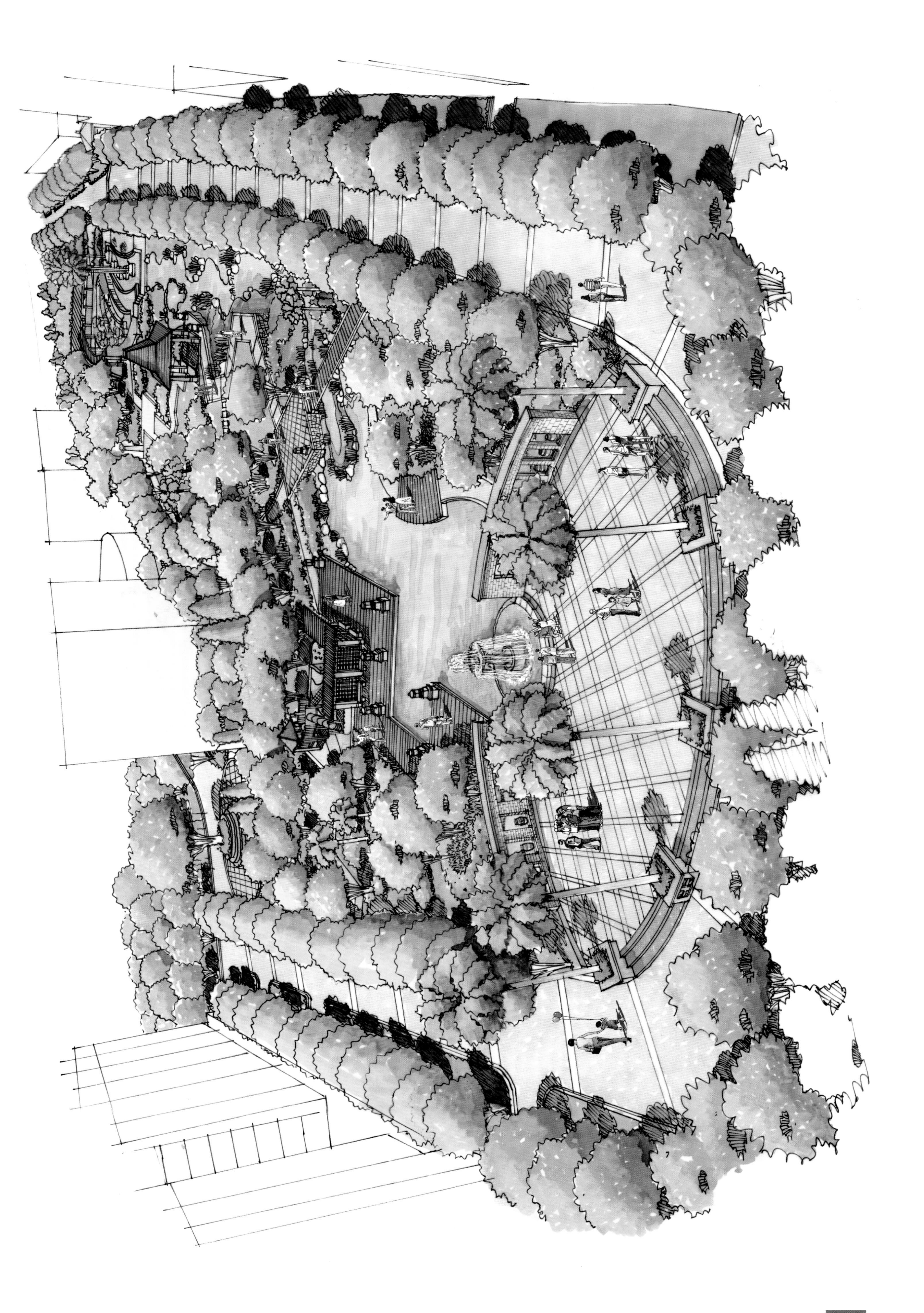

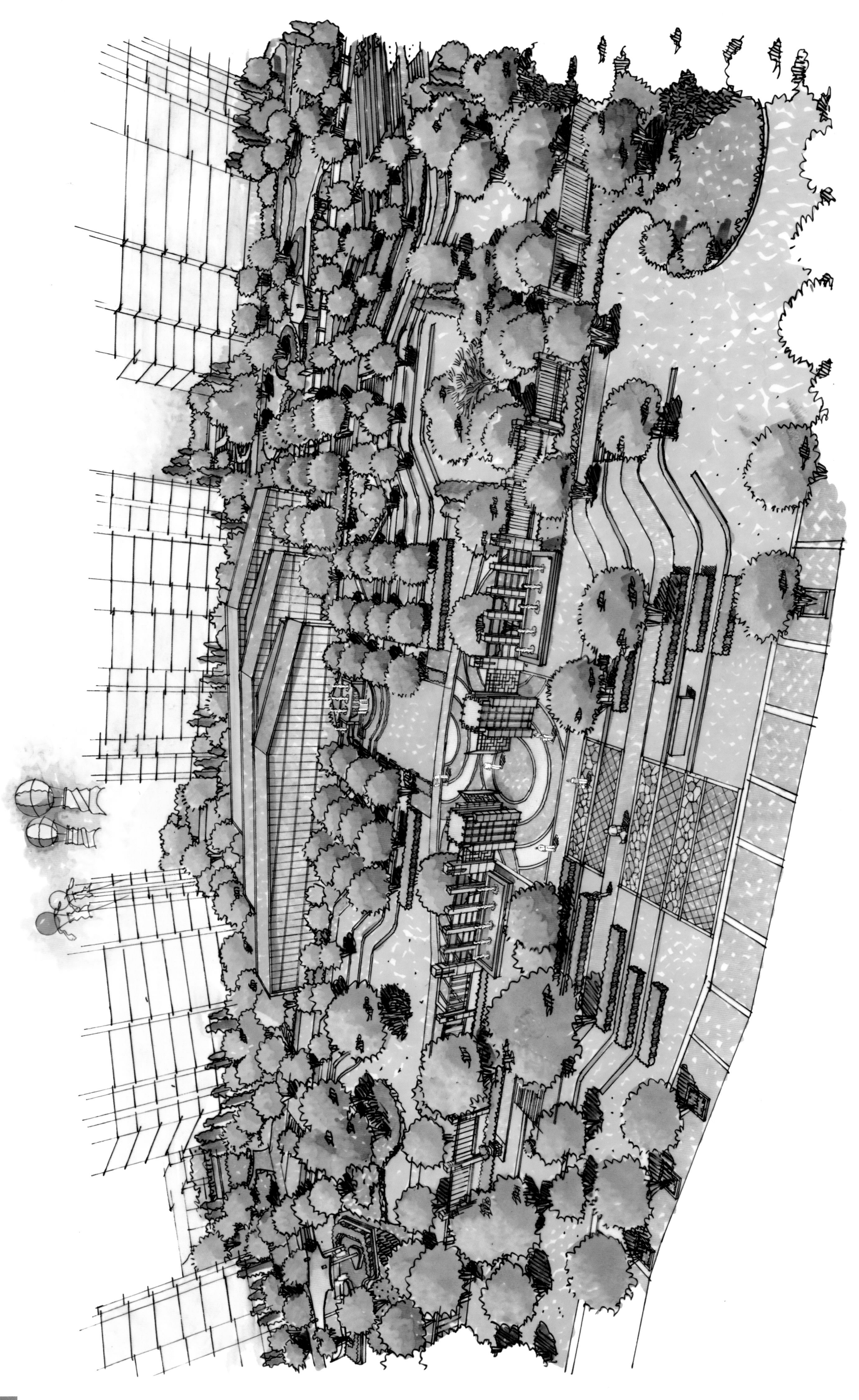